다육식물 모아심기
기본 - 응용 - 관리

작고 사랑스런 세둠 모아심기

MAi 지음
김현정 옮김

GreenHome

나무 줄기처럼 두꺼워진 세둠을 심벌 트리로 꾸민 미니어처 가든

미니어처 가든 @mssucculent

통조림 캔에도 솜씨를 더해 모아심기 화분으로 재탄생

참치캔 @000mai000

작은 스위트 화분 @orz_nitoro
슈거 화분 · 크림 화분 @ochoboo

색깔도 크기도 다른 다양한 세둠으로 모아심기

몽키인형과 리메이크 캔 @blanca.029

CONTENTS

*세둠이란, 돌나물과 세둠속의 다육식물이다. 동그랗고 작은 모양과 선명하고 고운 색깔이 특징으로, 모아심기나 다육아트에 사용하는 원예식물로 널리 사랑받고 있다.

Part 4 세둠 도감

Part
1

MAi의 작고 사랑스런 모아심기 컬렉션

이 책의 제목처럼 작고 사랑스런 모아심기 작품을 소개한다.
어려워 보이지만 30분 정도면 만들 수 있는 것도 있고,
초보자는 물론 전문가에게도 도움될 만한 좋은 작품들을 모았다.

작고 사랑스런 모아심기 컬렉션을 보는 방법

사 진	작품을 만들면 반드시 완성 작품의 사진을 찍어두는 게 좋다. 각도나 배치 등 사진을 찍어서 참고한다.
〈 〉	제작에 걸리는 평균 시간. 경험 등에 의한 개인차가 있으므로, 난이도의 기준으로 생각한다.
화분과 작가 이름	모아심기에 사용한 화분에 대한 설명과, 화분 제작 작가의 Instagram 계정. 더 자세한 정보를 알고 싶다면 Instagram을 체크!(일부 판매 종료된 제품도 있다.)

1

2

3

4

아이스크림을 닮은 모아심기

1처럼 붉은 계열로 통일하면 딸기 아이스크림처럼 보인다. **2** · **3**은 다양한 색깔의 세둠을 조합하여 컬러풀하고 귀여운 아이스크림을 만들었다. **4**는 에케베리아를 메인으로 심고, 세둠을 토핑처럼 곁들인 모습.

〈1시간〉 리메이크 아이스콘 캔 화분 @mimomi1520

둥근 스푼에 자그마한 세둠을 모아심기

포인트는 스푼 밖으로 삐져나오지 않게 하는 것. 몇 센티밖에 안 되는 스푼에 심기 때문에, 큰 잎은 사용하지 않고 작은 잎의 세둠으로 채우면 귀엽고 사랑스런 느낌을 잘 살릴 수 있다.

〈40분〉 스푼 @katosuubutsu

알파벳 모티브는 정말 귀여워!

알파벳 글자의 윤곽을 가리지 않게 심는 것이 포인트. 알파벳에 따라 걸리는 시간은 달라지지만, 먼저 내 이름의 이니셜부터 시작해보면 어떨까? (→ 만드는 방법 p.40)

〈1시간 30분〉 알파벳 리스틀 @leaf_garden_you

마끈으로 엮은 리스는 분위기 최고

마끈으로 촘촘하게 엮은 리스틀은 직접 흙을 넣어도 OK. 꽉 차 보이도록 리스틀 크기에 따라 세둠의 잎크기를 조절해서 사용하는 것이 포인트이다.

〈30분〉 마끈 리스틀 @kazu_kazu_1228

다육식물용 화분이라면 관리하기도 쉽다

다육식물 모아심기를 위해 만든 도기 화분은 귀엽기도 하지만 관리하기도 쉽다는 장점이 있다. 귀엽게 디자인한 테두리가 잘 보이도록, 세둠은 가능한 한 평평하게 심는 것이 좋다.

〈1시간 20분〉 하트 도기 화분 @shigeru_maruyama

일빈 화분의 모아심기는 산 모양을 추천

흔히 사용하는 일반 화분에 심을 경우에는 옆에서도 세둠이 잘 보이도록 흙을 돔 모양으로 하는 것이 포인트. 높게 만들수록 난이도는 올라가지만, 그만큼 사진은 잘 나온다. 화분 사이즈는 2호까지가 좋다.

〈1시간 30분〉 다니쿠마 캐릭터 화분 @yumi.kame

마치 컬러풀한 지붕처럼

집 모양으로 리메이크한 캔 화분에 세둠을 산 모양으로 봉긋하게 모아심기하면 세둠이 지붕처럼 보인다. **1**에서는 굴뚝처럼 보이도록 나무 줄기처럼 두꺼워진 잎이 큰 세둠과 0.5호 화분을 더불어 구성하였다. 어떤 지붕을 만들지 생각하면서 심으면 더 즐겁다.

〈1시간 30분〉 리메이크 집 모양 캔 화분 @myset.i

오래된 유물 같은 책 모양의 화분은 내추럴하게

앤티크한 분위기에 어울리도록 세둠을 빽빽하지 않게 심었다. 가장자리에 크라술라 펠루키다 마르기날리스(→ p.87)나 길게 자란 세둠을 사용하면, 마치 그곳에서 세둠이 자란 듯한 자연스러운 모아심기가 완성된다.

〈1시간 20분〉 책 모양 모르타르 화분 @rosa_kazu

상상력을 자극하는 컬러풀한 미니 정원

삼각형 지붕의 귀여운 집에서 이어지는 벽돌 오솔길. 양옆으로 형형색색의 세둠이 꽃밭처럼 펼쳐진 화려한 정원이다. 몸이 작아져서 그 길을 걷는 상상을 하면서 심었다. 뒤쪽으로 갈수록 높게 만들어, 깊이를 표현한 것이 포인트.

〈1시간〉 미니어처 가든 @beans.club

큰 에케베리아와 작은 세둠의 컬래버

모아심기의 스페셜리스트 @kurumilepetitjardin이 만든 에케베리아(→ p.76)를 사용한 화려한 미니어처 가든에, 작고 사랑스런 세둠을 모아심기한 컨테이너를 배치한 컬래버 작품.

〈40분(컨테이너만)〉 미니어처 가든 @miyu165

볼륨감에 높이를 더한 모아심기

별 모양의 크라술라를 포인트로, 가운데를 높게 심었다. 심플한 색의 오믈렛 화분에 오색기린초(→ p.78)를 넉넉하게 사용하여 산뜻하게 마무리했다. 살짝 늘어뜨린 녹영도 포인트.

〈1시간 30분〉 오믈렛 화분 R.I.P. @buchi0511

선인장을 사용해 정크한 분위기로

선인장과 작고 사랑스런 모아심기를 조합한 작품이다. 선인장부터 먼저 위치를 정해서 심고, 리메이크한 캔 화분과 코코넛 섬유를 함께 꾸민 것이 포인트(→ 만드는 방법 p.42).

〈1시간 10분〉 리메이크 집 모양 캔 화분 @pukupuku_diary

아주 작은 크리스마스 트리

작고 사랑스런 모아심기에서 일반적으로 사용하는 2호 화분보다 더 작은 1호 화분을 사용했다. 중심에 철사를 넣어서 트리 모양으로 모아심기를 할 수 있다. 모양 만들기가 어렵고, 작업도 까다로워 난이도는 높은 편이다.

〈1시간〉 1호 크리스마스 트리 화분 @kurumilepetitjardin

크리스마스 트리 밑에 놓인 알록달록한 선물

크리스마스 트리 밑에 알록달록한 선물상자들이 놓여 있는 이미지로 디자인하였다. 크리스마스 장식처럼 녹영이나 코코넛 섬유를 사용해 가능한 한 화려하고 보기 좋게 마무리한다.

〈1시간 15분〉 리메이크 크리스마스 트리 캔 화분 @pukupuku_diary

작은 요정이 살 것 같은 나무집의 사랑스런 지붕

숲속 작은 그루터기의 집. 도토리 가로등이 비추는 지붕은 컬러풀한 세둠으로 장식했다. 아기자기한 분위기를 위해 작은 잎으로 채우고, 녹영으로 동적인 느낌을 살렸다.

〈50분〉 그루터기 집 @happy.tanikuday

당장이라도 세둠이 넘칠 듯한 고양이발 깡통

앤티크한 고양이발 깡통을 사용할 때는 넘칠 정도로 높이 쌓아올린 가장자리의 흙까지 세둠을 촘촘히 심는 것이 포인트. 긴 나무 줄기처럼 두꺼워진 을녀심을 사용해 귀여운 모아심기로 완성했다.

〈1시간 20분〉 고양이발 캔 화분 @vert.365mailifedesign

포동포동한 세둠으로 맛있어 보이는 모아심기

리메이크한 무쇠팬에 포동포동 도톰한 세둠을 심어, 맛있는 요리처럼 디자인을 완성했다. 이번에 사용한 것은 레드 베리(→ p.69), 청옥(→ p.98), 무스코이데움(→ p.91), 멘도사(→ p.86), 희성미인(→ p.93) 등.

〈1시간 10분〉 리메이크 스킬릿 팬 @botan.29

딸기를 닮은, 잎이 작은 홍옥이 포인트

스트로베리 케이크 모양으로 만든 2단 모아심기. 윗단을 뒤쪽으로 배치하면 아랫단에 공간이 생겨 심기가 좋다. 양초 모양의 스테인드글라스 장식(@naho81078)이 포인트.

〈1시간 30분〉 리메이크 스트로베리 케이크 캔 화분 @loverotto

풍차와 이어지는 오솔길을 세둠으로 표현

언덕 위의 풍차 모양으로 만든 화분에 세둠으로 오솔길을 만들었다. 오솔길은 선명한 초록빛 세둠으로 표현하고, 주변은 컬러풀한 꽃밭처럼 꾸몄다.

〈1시간〉 리메이크 풍차 캔 화분 @jewelgarden_aco

세둠으로 만든 화려한 미니 부케

형형색색의 세둠을 꽃처럼 사용해서 풍성해 보이는 꽃다발로 표현한 작품이다. 잎이 큰 종류도 어느 정도 섞어서 만들면 좀 더 진짜 꽃다발처럼 보인다.

〈1시간〉 리메이크 꽃다발 캔 화분 @jewelgarden_aco

선인장 모양의 우드 플랜터에 「선인장+세둠」 모아심기

귀여운 선인장 모양의 플랜터에 선인장과 작은 세둠을 모아심기했다. 꽃이 핀 선인장이 모자처럼 보이기도 한다. 작은 세둠을 사용하여 높낮이가 다른 플랜터의 가장자리가 돋보인다.

〈1시간 30분〉 선인장 모양 우드 플랜터 @orz_nitoro

콘크리트와 세둠의 대비가 아름답다

거친 질감의 콘크리트 화분에 컬러풀한 세둠을 가득 모아서 심었다. 녹영을 곁들여 자연스러운 귀여움을 연출했다.

〈1시간〉 새장 모양 콘크리트 화분 @taniku.ra

Part 2

작고 사랑스런 모아심기 기본 스텝

작고 사랑스런 모아심기에 직접 도전해보자.
Part2에서는 기본적인 만들기 방법, 간단한 응용방법,
관리방법까지 자세히 설명한다.

작고 사랑스런 모아심기의 매력

먼저 여러분이 꼭 알아야 할 작고 사랑스런 모아심기의 매력을 소개한다.

1. 남녀노소 누구나 즐길 수 있다

모아심기 작업은 간단해서 어린이부터 어르신까지 세대에 상관없이 모두 함께 즐길 수 있다. 혼자 즐겨도 좋고, 부모와 자녀가 함께 즐겨도 좋으며, 친구들끼리 즐겨도 좋다.

2. 성취감을 느낄 수 있다

작고 사랑스런 모아심기는 어떤 용기에든 심을 수 있어, 어디에 심을까 고민하는 것도 즐거움 중 하나이다. 또한 작고 사랑스런 모아심기를 하려면 집중력이 필요한데, 일상의 다양한 일들을 잊고 몰두할 수 있어 머리가 맑아지는 효과도 있다. 무엇보다 모아심기가 완성되면 행복한 성취감을 느낄 수 있다

3. 완성한 뒤에도 즐길 수 있다

모아심기가 완성되면 사진을 찍어보자. 촬영 장소나 날씨 등에 따라 다양한 얼굴을 보여주는 작고 사랑스런 모아심기 사진을 SNS로 공유하면, 모아심기의 세계가 더욱 넓어진다. 사진을 찍고 난 뒤에도, 정원이나 베란다에 장식하고 관리하면 더 애착이 간다.

작고 사랑스런 모아심기의 기본

모아심기를 시작하기 전에 먼저 도구를 준비하자.
작고 사랑스런 모아심기에 필요한 도구는 겨우 6가지 뿐이다.

세둠 모종(포트)

작고 사랑스런 모아심기의 주인공. 형형색색의 모종을 4~5종류 준비한다.

핀셋

작고 사랑스런 모아심기에서는 작게 자른 세둠을 심기 때문에, 정밀한 작업은 핀셋으로 한다.

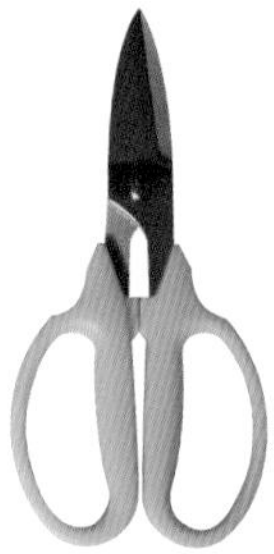

원예용 가위

세둠을 자를 때 사용한다. 원예용 가위가 없으면 일반 가위를 사용해도 좋다.

흙

흙이 없으면 모아심기 작업을 할 수 없다. 넬솔 이외의 흙도 괜찮다.

화분

작고 사랑스런 모아심기에 사용할 화분을 준비하자. 초보자에게는 작은 것을 추천한다.

배수용 돌

화분 바닥에 까는 돌. 물이 잘 빠지도록 바닥에 깔고 흙을 넣는다.

세둠 고르기

작고 사랑스런 모아심기에 사용하는 세둠은 잎 하나하나가 지나치게 크지 않은 것을 선택한다. 기본적인 작고 사랑스런 모아심기의 경우 다양한 색을 사용해야 컬러풀하게 완성되므로, ①붉은색 계열, ②노란색 계열, ③파란색 계열, ④초록색 계열 등 최소한 4종류 정도 준비하는 것이 좋다. 매장에서 세둠을 고를 때는 잎에 탄력이 있고 건강해 보이는 것을 고른다.

흙 고르기

처음에는 넬솔(NELSOL, 굳는 흙)을 사용하는 것이 좋다. 넬솔이 접착제 역할을 해서 모종을 꽂았을 때 쉽게 고정되고, 봉긋한 산 모양도 만들기 쉽기 때문이다. 넬솔이 아니더라도 세립 녹소토처럼 입자가 고운 흙을 물에 적셔서 사용해도 된다. 영양분이 지나치게 많은 흙을 사용하면 모아심기한 뒤에 세둠이 바로 쑥쑥 자라서, 작고 사랑스런 모아심기만의 귀여운 모습을 유지할 수 없다.

화분 고르기

다육식물을 좋아하는 사람에게 화분은 뗄레야 뗄 수 없는 존재이다. 귀여운 화분이 있으니까 심고 싶다! 이 화분에는 어떤 다육을 심을까? 등과 같이 화분은 동기를 부여하는 중요한 역할도 한다. 다육식물에 특화된 화분을 만드는 작가의 작품을 구입해도 되고, 일반 화분이나 빈 캔을 리메이크해서 직접 원하는 화분을 만들어도 좋다. 리메이크한 캔도 그렇지만 일반 접시 등을 화분으로 사용할 때는, 반드시 바닥에 구멍을 뚫어 물이 잘 빠지게 해야 한다.

기본 순서

기본적인 작고 사랑스런 모아심기 과정으로,
초보자도 쉽게 할 수 있는 2호 화분을 사용한 모아심기 순서를 소개한다.

1
넬솔을 준비한다.

넬솔에 물을 넣고 숟가락으로 섞는다. 물의 양은 넬솔 양의 1/2이 기준. 작고 사랑스런 모아심기에서는 작고 가는 줄기를 꽂아야 하므로, 겉포장에 표시된 비율(넬솔 : 물 = 10 : 4)보다 더 묽게 만든다. 일단 잘 섞어준 뒤 끈기가 충분히 생길 때까지 그대로 20분 정도 기다린다.

2
세둠을 자른다.

넬솔에 끈기가 생기기를 기다리는 동안, 사용하고 싶은 모종의 머리부분(윗부분)을 자른다. 넬솔에 꽂을 부분에 잎이 있으면 꽂기 어려우므로, 줄기가 5~10㎜ 정도 드러나도록 아래쪽에 달린 잎을 손으로 비틀어서 떼어낸다.

3
화분에 배수용 돌을 깔고 그 위에 넬솔을 넣는다.

화분에 배수용 돌이나 대립 적옥토를 넣는다. 양은 화분의 1/4 정도. 그 위에 1에서 준비한 넬솔을 숟가락으로 넣는다. 넬솔을 넣기 전에 다육식물용 흙을 넣어도 좋다. 가운데가 높이 솟아오르게 하면 더 귀여운 모아심기가 된다.

원포인트 어드바이스

넬솔만 사용하면 흙이 지나치게 굳어서 물주기 등의 관리가 어려울 수도 있다. 넬솔 관리가 어렵다면 세립 녹소토 등의 입자가 고운 모래를 섞어서 지나치게 굳지 않게 해야 관리하기 편하다.

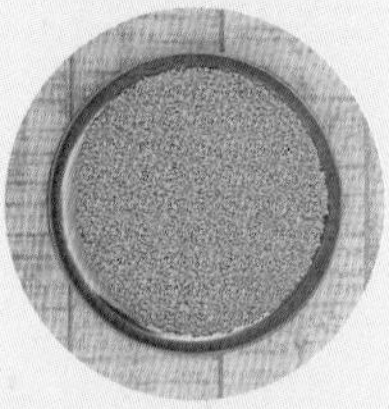

한 번에 많이 자르거나 1개씩 자르는 것이 아니라, 1종류의 모종을 5개 정도씩 자른다. 꽂을 때 작업을 원활하게 진행하고, 세둠을 균형 있게 배치할 수 있다.

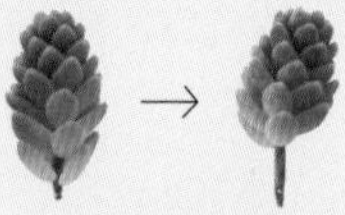

세둠을 꽂는 도중에 넬솔이 밑으로 꺼지기도 한다. 넬솔을 넣을 때 화분을 바닥에 대고 톡톡 쳐서 공기를 빼고, 숟가락으로 밀어 넣어 모양을 정리한다.

4

큰 세둠을 꽂는다.

2에서 잘라둔 세둠을 넬솔에 꽂는다. 이때 기울어지지 않게 넬솔 표면에 수직으로 꽂는 것이 포인트. 먼저 홍옥, 오로라, 을녀심 등 잎이 큰 종류부터 한쪽으로 치우치지 않게 균형을 맞춰서 꽂는다.

5

작은 세둠을 꽂아서 빈틈을 메운다.

빈틈에 작은 종류의 세둠을 꽂는다. 균형을 맞추기 위해 1종류를 5개 정도 꽂은 다음, 종류를 바꾸는 것이 포인트. 2→5→2→5의 자르고 꽂는 과정을 반복하면서, 틈이 거의 없어질 때까지 세둠을 꽂는다.

6

높이를 조절하고, 틈을 메운다.

마지막으로 핀셋을 사용하여 높이를 조절한다. 옆에서 봤을 때 전체 라인이 조화롭도록 높이를 조절해야 한다. 작은 틈이 있다면, 세둠 아크레나 세둠 스테프코(→ p.74) 등 보다 작은 세둠을 사용하여 넬솔이 보이지 않게 꽂는다. 틈이 없어질 때까지 꽂으면 완성.

원포인트 어드바이스

과욕을 부려서 지나치게 많이 꽂으면 세둠이 찌그러지거나 파묻힌다. 세둠 잎이 하나하나 잘 보이도록 꽂는 것이 중요하다.

더 귀엽게 모아심기 하는 방법

① 화분의 종류(→ p.44)는 다양하다. 사용하는 화분 분위기에 어울리는 색깔의 세둠을 사용한다.

② 컬러풀한 모아심기를 위해 좀 더 다양한 색깔(종류)의 세둠을 사용한다.

③ 세둠을 고를 때 컬러풀하게 만들고 싶다면 보색을, 컬러 테마를 정해서 만들고 싶다면 유사색을 참고한다.

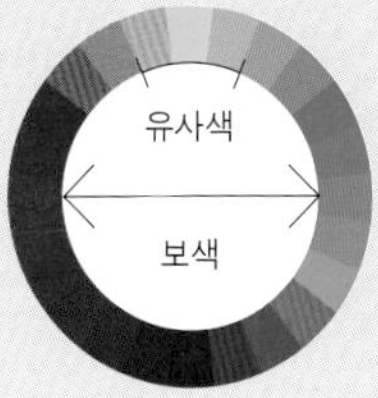

작고 사랑스런 모아심기 어레인지 1 〈리스 모아심기〉

기본을 이해했다면 다음은 응용편.
벽에 기대 세우거나 걸 수 있는 리스라면, 작고 사랑스런 모아심기의 활용 폭이 훨씬 넓어진다.

1

말린 물이끼를 물에 불린다.

말린 물이끼를 4~5배 분량의 물에 담가서 5분 정도 두면, 물이끼가 물을 흡수해 부풀어 오른다. 물이끼가 완전히 원래의 상태가 될 때까지 30분 정도 기다린다.

2

바닥에 물이끼를 깔고 위쪽에는 흙을 넣어 적셔둔다.

물에 불려둔 물이끼를 손으로 한 번 짜서 틀 바닥에 충분히 깔아준다. 그 위에 흙을 넣고 물을 뿌려서 전체를 적신다. 세우지 않고 장식할 경우에는 넬솔처럼 굳는 흙이 아니라, 다육식물용 흙이나 세립 녹소토를 사용한다.

3

p.38 ~ 39에서 설명한 순서대로 세둠을 꽂는다.

틀 준비가 끝나면 나머지는 기본 순서와 같다. 리스 모양을 보기 좋게 만들기 위해, 세둠이 리스틀에서 삐져나오지 않도록 테두리 라인을 의식하며 꽂는다,

준비물

☆

① 리스틀_ 사진은 알파벳 모양이지만, 원형틀을 사용해도 좋다. 틀이 크면 클수록 모아심기에 시간이 걸리므로 주의한다.

② 말린 물이끼_ 물에 불려서 사용한다. 삼베나 코코넛섬유를 사용해도 좋다.

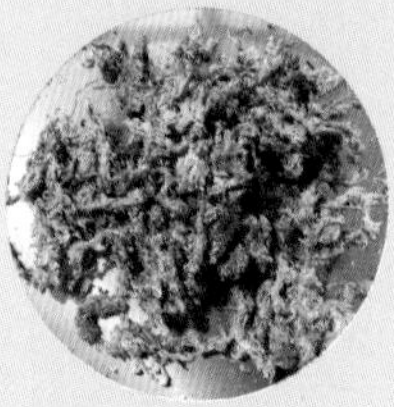

원포인트 어드바이스

☆

물이끼는 옆면까지 빈틈없이 채워야 한다. 빈틈이 있으면 흙이 새어 나온다.

테두리가 정리된 깔끔한 리스 모아심기

리스틀에 모아심기를 할 때는 테두리 라인을 깔끔하게 완성하기 위해, 세둠이 틀 밖으로 삐져나오지 않게 꽂는 것이 포인트이다. 물이끼를 깔면 공기가 잘 통하고 물이 잘 빠지며 보습력이 좋아서, 선명한 색채를 오래 즐길 수 있다.

작고 사랑스런 모아심기 어레인지 2 〈미니선인장+세둠 모아심기〉

좀 더 색다른 모아심기를 원한다면,
미니선인장+세둠 모아심기에 도전해보자.

1
선인장을 배치한다.
균형을 잘 맞춰서 선인장을 꽂는다. 높이가 있는 선인장을 뒤에 배치하면 정면에서 봤을 때 보기 좋게 완성된다.

2
세둠을 꽂는다.
선인장 가시에 주의하면서 p.38~39의 기본 순서에 따라 세둠을 꽂는다.

3
데코레이션
내추럴한 분위기를 만들기 위해 녹영이나 코코넛섬유로 장식한다. 핀셋을 사용하면 간단하게 할 수 있다. 녹영을 사용할 때는 뿌리가 남아 있게 자른 다음, 뿌리가 안 보이게 묻는다.

준비물

☆

① 선인장_ 모아심기에 알맞은 미니선인장을 사용한다. 원예용품점이나 화원, 온라인 쇼핑몰에서도 구입할 수 있다.

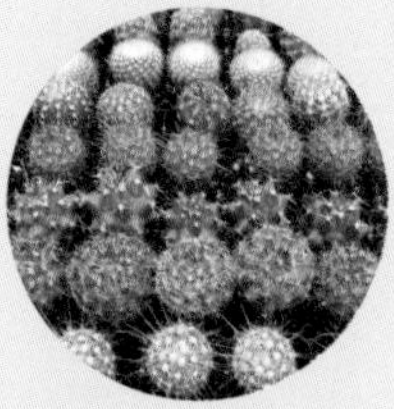

② 장갑_ 원예용 장갑이 없을 경우에는 고무장갑도 관계없다. 맨손으로 작업하면 위험하므로 반드시 장갑을 착용한다.

원포인트 어드바이스

☆

코코넛섬유를 사용하면 분위기가 더 화려해진다. 전체적으로 넣을 경우에는 선인장과 세둠을 꽂기 전에 화분 내부를 둘러싸듯이 올려놓고, 핀셋을 이용해서 흙 속에 밀어 넣는다. 부분적으로 넣을 때는 선인장과 세둠으로 흙 표면을 반 정도 채운 다음에 넣는다.

악센트를 더해 색다른 모아심기로 완성

선인장 질감에 어울리도록 녹영과 코코넛섬유를 악센트로 추가했다. 선인장의 존재감도 살리면서 세둠의 선명한 색깔도 돋보이게, 선인장은 가장 뒤쪽에 배치하는 것이 포인트.

화분의 종류

작고 사랑스런 모아심기에 많이 사용하는 화분 종류를 소개한다.
재질에 따라 수분의 건조상태나, 습기와 열기가 차는 상태가 달라진다. 선택할 때는 관리방법도 고려한다.

토분

가장 일반적인 화분이다. 고온에서 구운 토분에는 눈에 보이지 않는 작은 구멍이 많이 있어, 공기가 잘 통하고 물이 잘 빠지며 보습력이 뛰어나다. 건조한 상태를 좋아하는 다육식물에게 딱 맞는 화분이다. 귀엽게 리메이크한 토분은 도료나 니스 등으로 구멍이 막혀 있기 때문에, 수공예 화분 등을 구입할 때는 주의사항을 확인해야 한다.

캔

작고 사랑스런 모아심기에 사용하는 캔은 참치캔처럼 가정에서 쓰레기로 버리는 빈 캔을 리메이크하여 화분의 소재로 사용하는데 인기가 높다. 캔에는 배수구가 없기 때문에 수공예 캔 화분을 구입할 때는 주의사항을 확인해야 한다.

리스틀

리스의 매력은 매달거나 세워둘 수 있다는 점이다. 와이어 리스틀에 모아심기를 할 때는 바닥에 물이끼, 삼베, 코코넛섬유 등 공기가 잘 통하는 것을 깐다. 모아심기한 리스를 세워서 장식할 경우에는, 흙이 떨어지지 않도록 넬솔을 사용하는 것이 좋다.

우드 플랜터

나무로 만든 플랜터는 캔이나 일반 화분에 비해 온도 변화가 적고, 여름 더위나 겨울 추위에 강하다. 또 나무는 숨을 쉬기 때문에 화분 속에 습기와 열기가 잘 차지 않는다. 단, 가드닝용이 아닌 일반 목제 잡화를 사용할 경우에는, 햇빛이나 물에 견딜 수 있도록 방부처리를 한 다음 사용하는 것이 좋다.

모르타르

앤티크한 느낌의 자유로운 모양이 특징인 화분. 모르타르는 모양이나 크기에 구애받지 않고 자유롭게 화분을 만들 수 있는, 아주 매력적인 소재이다. 비를 맞아도 끄떡없어 실외에서도 관리하기 좋지만, 공기가 통하지 않으므로 배수구가 뚫려 있지 않으면 습기나 열기가 차서 식물이 물러지는 원인이 된다.

작고 사랑스런 모아심기 관리 〈키우는 장소의 3가지 조건〉

「다육식물 = 인테리어」라는 이미지가 있지만,
세둠뿐 아니라 다육식물은 기본적으로 실외에서 키우는 것이 좋다.

1
햇빛이 잘 든다.

다육식물의 원산지는 대부분 멕시코를 비롯한 중남미의 열대지역이다. 즉, 다육식물은 따뜻하고 건조한 기후를 좋아하므로 햇빛이 잘 드는 실외에서 키우는 것이 좋다.

2
바람이 잘 통한다.

다육식물은 기본적으로 튼튼하고 기르기 쉬운 식물이지만, 습기에 약하므로 바람이 잘 통하는 곳에서 키워야 한다. 흙이 항상 젖어 있을 정도로 습기가 많은 장소에 두면, 뿌리가 썩는 원인이 된다.

3
지붕이 있다.

습기에 약한 다육식물은 비에 약한 종류가 많다. 비를 맞아도 문제없는 종류도 있지만, 여러 종류를 모아심기한 경우에는 지붕이 있는 곳에서 비를 맞지 않게 키우는 것이 좋다.

원포인트 어드바이스

☆

세둠 종류 중에는 서양종뿐 아니라 한국이나 일본 원산종도 있다. 서양종은 추위에 약해 겨울철에 기온이 영하로 떨어지면 실내에 들여놓는 것이 좋지만, 한국이나 일본 원산종은 추위와 더위에 강해 추운 지역에서도 밖에 두거나 땅에 심어도 괜찮다.

한국, 일본 등지에 분포하는 땅채송화

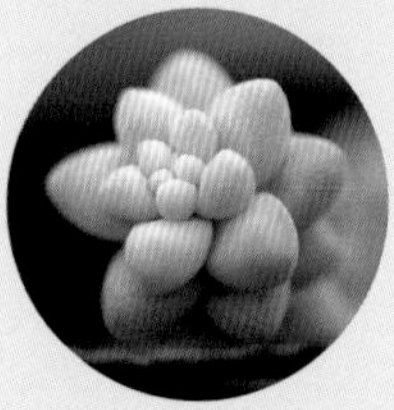

서양종 청옥(비어홉)

스파르타식으로 비나 여름 더위, 겨울 추위에도 아슬아슬한 순간까지 견디게 하는 방법을 사용하면 단풍이 더 곱게 물든다는 이야기도 있다.

더위와 추위에 모두 약한 품종은 특히 추운 날이면 실내에 들여놓거나, 부직포로 감싸는 등의 대책이 필요하다. 여름 더위 대책으로는 햇빛을 가려주거나 선풍기 바람을 쐬어주는 것도 효과적이다.

○

지붕이 있고 햇빛이 잘 드는 베란다

실외라서 바람이 잘 통하고, 지붕이 있어 비 맞을 걱정도 없다. 지붕이 있는 곳에서는 가능하면 그늘지지 않는 위치에서, 햇빛을 듬뿍 받게 하는 것이 포인트이다.

×

습기가 많고 바람이 잘 통하지 않는 세면대

세면대나 주방 등 물기가 많은 곳에 모아심기를 장식하면 습기 때문에 뿌리가 썩는 원인이 된다. 충분히 환기를 해도 창문이 작고 햇빛이 잘 들지 않는 세면대 위에서는 세둠이 웃자라기 쉽다(→ p.50).

작고 사랑스런 모아심기 관리 〈물주기의 3가지 조건〉

세둠을 오래 키우려면 물주기가 중요하다.
다육식물은 특별한 관리가 필요하지 않다고 알려져 있지만, 세둠은 물을 매우 좋아하는 식물이다.

1

3일에 1번 정도 준다.

물을 날마다 줄 필요는 없다. 계절이나 날씨에 따라 달라지지만, 흙이 완전히 마르고 잎에 탄력이 없어지면 물을 줄 타이밍이다. 평균 3일에 1번 정도. 잎에 탄력이 있으면 물이 충분하다는 표시이다.

원포인트 어드바이스

다육을 관리하거나 물주기를 할 때, 살고 있는 지역, 집 주변의 환경, 화분이 있는 위치의 방향, 토양 환경, 나아가 라이프 스타일 등에 따라 달라지므로 일률적으로 말할 수는 없다. 처음에는 실패하더라도 경험을 쌓으면서 자신에게 맞는 관리방법을 찾아야 한다. 실패해도 포기하지 말자.

2

어쨌든 듬뿍 준다.

다육식물의 잎에는 수분이 가득차 있기 때문에, 물을 줄 때는 충분히 주지 않으면 주름이 지거나 색이 바래는 원인이 된다. 화분 바닥에서 물이 흘러나올 정도로 충분히 준다. 특히 넬솔을 사용한 모아심기의 경우, 물 흡수가 어렵기 때문에 넉넉히 주는 것이 좋다.

3

처음에는 분무기나 샤워기로 준다.

모아심기한 직후에는 넬솔이 완전히 굳지 않아서, 물줄기가 지나치게 세면 흙이 무너진다. 처음에는 분무기나 샤워기로 조심스럽게 물을 주고, 넬솔이 굳으면 물뿌리개나 샤워기를 이용해 위쪽에서 물을 듬뿍 준다.

넬솔은 바로 굳지 않는다. 물을 섞기 때문에 물기가 완전히 빠지고 굳기까지 며칠 정도 걸린다. 따라서 심은 직후의 물주기는 정성껏 예쁘게 심은 모아심기가 무너지거나 밑으로 꺼지는 원인이 될 수 있다.

물이 충분한 무스코이데움(→ p.91).
잎은 탄력이 있고 선명한 초록색을 띤다. 물을 줄 필요 없다.

물이 필요한 무스코이데움(→ p.91).
잎은 주름이 지고 흙도 말라붙었다.

물이 충분한 모아심기.
잎은 탄력과 볼륨이 있고 색깔도 선명하다.

물이 필요한 모아심기.
잎이 오그라들어 작아 보인다.

작고 사랑스런 모아심기 관리 〈수정하기〉

모아심기를 했는데 어느새 덥수룩해졌다면, 과감하게 수정해보자.
손질을 하면서 애정도 더해진다.

1
말라버렸을 때

작고 사랑스런 모아심기는 기본적으로 뿌리가 없는 상태로 심는다. 그래서 그중에는 안타깝게도 뿌리를 잘 내리지 못하고 말라버리는 것도 있다. 그럴 때는 마른 잎을 핀셋으로 빼내고 새로운 잎을 꽂아준다. 방치하지 말고 세심하게 관찰하는 것이 중요하다.

2
틈이 벌어졌을 때

뿌리를 잘 내리면 세둠이 크게 자라 아래쪽에 틈이 생기기도 한다. 그럴 때는 빈 틈에 새로운 세둠을 꽂아준다. 넬솔이 딱딱하게 굳으면 꽂기 어려우므로 물을 주어 부드럽게 만든 다음, 이쑤시개나 끝이 뾰족한 핀셋으로 구멍을 내서 꽂으면 쉽게 작업할 수 있다.

3
웃자랐을 때

세둠을 비롯한 다육식물은 가늘고 길게 웃자라는 경우가 있다. 그럴 때는 가위로 자르지 않고 과감하게 뿌리부터 뽑아낸다. 뽑은 곳에 새 모종을 심으면 보기 좋게 만들 수 있다.

준비물

☆

① 핀셋_ 좁은 틈 사이에 세둠을 꽂거나 높이를 조절하는 데 사용한다.
② 새로운 세둠 모종_ 빈틈이나 원래 있던 세둠을 뺀 뒤에 꽂는다.

원포인트 어드바이스

☆

작고 사랑스런 모아심기의 경우 잎끼리 밀접하게 붙어 있어서, 일부가 물러지면 다른 부분까지 상하는 경우가 있다. 바람이 잘 통하는 장소에서 관리하고, 상한 잎이 있으면 핀셋으로 제거한다.

웃자람이란 일반적으로 식물 재배에서 줄기가 가늘고 길게 자라는 것을 말한다. 웃자라면 잎과 잎 사이의 간격이 길어져서 모아심기한 모습도 보기 안 좋아진다. 세둠의 경우 햇빛이 부족해서 웃자라는 경우가 대부분이며, 햇빛이 충분하다면 수분이나 영양 부족을 의심해볼 수 있다.

수정하기 전_ 빈틈이 눈에 띈다. 성장한 세둠도 있고, 시든 세둠도 있기 때문이다.

→

수정하기 후_ 시든 부분을 제거하고 빈틈에는 새로운 세둠을 꽂았다. 틈이 없어지고 원래의 풍성한 모습으로 돌아왔다.

모아심기 직후_ 싱싱하고 탄력이 있다. 심은 지 얼마 되지 않아서 당연히 색깔도 선명하다.

→

1달 뒤_ 물러져서 상하거나 시든 잎이 있다. 수정해서 다시 잘 살리면 원래의 아름다운 모습으로 돌아간다.

다육 체험 워크숍

워크숍이라고 하면 왠지 부담스러워하는 사람도 많은데,
여기서는 그런 사람도 꼭 가고 싶어지는 워크숍의 장점을 소개한다.

* 이 책에서 소개하는 워크숍은 다양한 세둠을 이용해서 모아심기와 다육아트를 직접 체험해볼 수 있는 체험형 강좌이다.(저자 MAi의 홈페이지 https://www.chimalabo.com 참조)

1. 가지각색의 세둠을 볼 수 있다

개인이 집에 많은 세둠을 갖추기는 힘들지만, 워크숍에 가면 20여 종의 세둠을 자유롭게 사용해볼 수 있다. 저자의 워크숍에서는 기본적으로 뷔페 형식으로 쓰고 싶은 것을 취향에 따라 잘라서 사용할 수 있으며, 세둠의 이름이나 특징, 주의할 점 등도 알려준다. 모두가 같은 세둠으로 만들어도, 완성된 작품은 십인십색. 완성된 작품의 단체사진은 그야말로 압권이다.

2. 묻고 싶은 것을 바로 물어볼 수 있다

이것이야말로 워크숍에 가지 않으면 할 수 없는 일이다.「넬솔은 이 정도 사용하나요?」,「여기에는 뭘 넣으면 좋을까요?」등과 같이 궁금한 것을 그 자리에서 바로 질문할 수 있다. 또한 작고 사랑스런 모아심기는 빈틈이 없어질 때까지 완성된 것이 아니므로, 워크숍에 가서 마지막 틈새 체크, 수정방법 등을 배울 수 있다.

3. 혼자가 아냐, 모두 함께 왁자지껄!

워크숍의 가장 큰 즐거움은 역시 다른 사람들과 함께 작업하는 데 있다. 혼자 참가하는 사람이 많아서 처음 만난 사람과 이야기할 수 있는 좋은 기회가 되기도 한다. 워크숍을 계기로 사이 좋은 다육친구(다육식물로 맺어진 친구)가 된 사람도 있다. 같은 취미를 가진 친구가 생기면 다육 라이프에 더욱 충실해진다. 또, 집중력이 필요한 섬세한 작업도 모두 함께 하면 즐거움이 배가 된다.

워크숍 이모저모

모두의 모아심기

인스타그램으로 모집한 작고 사랑스런 모아심기 사진을 소개한다.
개성 넘치는 여러 가지 모아심기를 보고, 나만의 모아심기에 도전해보자.

1

2

「작고 사랑스러움」 부문

1 @mami.hinatabocco 세둠의 컬러 배치, 잎 선택, 높이의 균형이 아름답다. 화분 분위기와도 매우 잘 어울린다.

2 @jun.poo 리메이크한 캔 화분과 같은 계열의 색깔을 사용해 세련된 분위기로 완성. 블루로 둘러싸인 스프링 원더(→ p.77)가 인상적이다.

3

4

5

6

7

8

3 @zero__moon 포인트로 사용된 브레비폴리움(→ p.100) 등의 균형이 절묘하다, 반대로 작은 세둠은 깔끔하게 정리되이 이름답다.
4 @mm_uugl 화분에 맞춰서 높지 않게 정리한 점이 멋지다. 맛있어 보인다!
5 @toshi_062 키위 디자인의 그린 컬러 화분에 매우 잘 어울리는 색깔을 사용했다. 높이와 둥그스름한 모양도 완벽하다.
6 @nicotaro228 파란 뚜껑이 달린 캔에 어울리는 컬러풀하고 사랑스런 모아심기. 포인트로 사용한 핑크와 빨간 색도 멋지다.
7 @junko_sugar2222 색깔, 높이, 고른 잎 크기, 모든 것이 완벽하다. 「작고 사랑스러움」, 그 자체라는 느낌의 작품이다.
8 @ktktk029 포근한 분위기의 귀여운 모아심기이다. 녹영이 포인트가 되었다.

1

2

3

4

5

6

「아이디어」 부문

1 @ozco70 정크한 기타 앰프에 세둠을 심은 참신함! 어두운 색깔의 앰프와 컬러풀한 모아심기의 차이가 멋지다.

2 @ishiguroikue 근사한 분위기의 나무 도마와 세둠이 잘 어울린다. 구멍이 뚫려있지 않은 곳에 심는 것은 매우 뛰어난 기술이다.

3 @chiaki.adc 깨진 화분을 사용한 개성 있는 작품.
에케베리아 사이와 깨진 화분 사이에 심은 작은 세둠도 부드러운 색조합으로 매우 귀여운 모아심기이다.

4 @mido_tan 고슴도치 화분은 홍옥(→ p.68)으로 뾰족뾰족하게, 양 화분은 멘도사(→ p.86)로 폭신폭신하게.
일부러 한 종류만 심은 모아심기가 더 사랑스럽다.

5 @kumapad 무지개 이미지로 세둠을 배치한, 센스 있는 작고 사랑스런 모아심기. 무지개 이외의 부분과도 균형이 잘 맞아 보기 좋다.

6 @stem.fk 세둠이 화분 그 자체가 되는 너무나 멋진 생각. 화분 자체의 변화도 즐길 수 있는, 그야말로 '살아있는 화분'이다.

1

2

3

4

5

6

「와일드」 부문

1 @c_.ta29 인기가 많은, 하지만 관리하기는 조금 어려운 퍼플 헤이즈(→ p.95)의 이상적인 모습이다.
볼륨감도 단풍 색깔도 정말 멋지다! 홍치아(크라슐라 라디칸스)도 좋은 악센트가 되었다.

2 @rinriku3110 녹슨 다리미와 나무 줄기처럼 두꺼운 을녀심(→ p.81)의 거친 모습이 예술적이다. 아래쪽에 녹영의 배치도 절묘하다.

3 @nanon2929 이 작품이야말로 작고 사랑스런 모아심기의 묘미를 보여준다.
애정을 갖고 정성껏 관리해야 볼 수 있는, 말로 표현하기 힘든 느낌이 있는 모아심기.

4 @orange21159 완성한 뒤에는 다시 손을 대지 않은 듯 자연스럽게 흐트러진 모습. 다육의 생명력이 느껴져 힘을 얻을 수 있다.

5 @kozuuun_4151 세둠으로 가득한 밭이 그야말로 압권이다. 마치 난쟁이가 살고있는 듯한, 동화적인 세계. 소품 사용도 훌륭하다.

6 @naomi_ta29 핑크와 블루 계열의 멘도사(→ p.86)로 통일된 매력적인 세계. 마치 이야기 속 한 페이지 같다.

Part
3

세둠 키우기

Part3에서는 세둠 키우는 방법을 소개한다.

작고 사랑스런 모아심기를 해보면 세둠 모종 하나하나에도 애착이 생긴다.

세둠에 대해 알면 모아심기가 더 즐거워질 것이다.

K11207
NY FARM 50
No.S
maison

세둠의 매력

세둠은 다육식물 중에서도 인기가 많은 종류이다.
그 인기의 비밀과 매력에 대해 알면 세둠이 더 좋아질 것이다.

1. 빛깔 고운 세둠의 잎

자연적인 색이라고는 믿기지 않을 정도로 선명한 색깔의 세둠. 여름에는 싱그럽게, 겨울에는 고운 색깔로, 튼튼하게 무럭무럭 자라는 세둠은 계절에 따라 여러 가지 얼굴을 보여준다. 세둠의 생명력을 보고 있으면 누구라도 힘이 날 것이다.

2. 튼튼해서 초보자도 키우기 쉽다

세둠은 다육식물 중에서도 키우기 쉬운 종류로 알려져 있다. 메마른 땅에서도 열심히 양분을 축적하는 세둠은, 길가에서도 잘 자랄 정도로 튼튼하다. 원예 초보자라도 중요한 포인트만 알면 죽이지 않고 잘 키울 수 있다.

3. 쉽게 증식시킬 수 있다

세둠의 매력은 뭐니 뭐니 해도 생명력이다. 잎이나 줄기에서 새싹이 나오므로, 쉽게 증식시킬 수 있다. 하나의 모종으로 증식시켜서 잘 키우면 오랫동안 즐길 수 있다. 세둠의 증식방법은 여러 가지가 있지만 모두 간단하고 특별한 도구가 필요 없기 때문에, 마음에 드는 세둠을 찾으면 꼭 도전해보자.

アルブムSP
アルブムSP
森村万年草
森村万年草
ステフコ
ステフコ
ヒレブランティ
コーラルカーペット
バリダム
グラシル
グラシル
グラシル
チョコレートボール
ピンキー
ピンキー
ピンキー

세둠을 키워보자

여기서는 세둠에 대해 좀 더 잘 이해할 수 있도록 세둠의 생태와 특징 등을 소개한다.
모아심기나 모아심기 전 모종을 관리하는 데 도움이 된다.

세둠의 1년

<table>
<tr><th></th><th>12월</th><th>1월</th><th>2월</th><th>3월</th><th>4월</th><th>5월</th><th>6월</th><th>7월</th><th>8월</th><th>9월</th><th>10월</th><th>11월</th></tr>
<tr><td>장소</td><td colspan="3">0℃ 이하로 내려갈 경우
햇빛이 잘 드는 실내</td><td colspan="9">햇빛이 잘 드는 실외</td></tr>
<tr><td>물주기</td><td colspan="3">지나치게 많이
주지 않도록 주의</td><td colspan="4">흙이 마르면 듬뿍</td><td colspan="2">지나치게 많이
주지 않도록 주의</td><td colspan="3">흙이 마르면 듬뿍</td></tr>
<tr><td>기타</td><td colspan="3">얼지 않도록 주의</td><td colspan="4">옮겨심기, 잎꽂이, 포기나누기 등</td><td colspan="2">뿌리썩음 주의</td><td colspan="3">분갈이, 잎꽂이,
포기나누기 등</td></tr>
<tr><td>잎 색깔</td><td colspan="4">단풍</td><td colspan="8">초록색</td></tr>
</table>

* 지역에 따라 차이가 있다.

세둠의 단풍

세둠 중에는 추워지면 단풍이 드는 종류가 있다. 가장 아름답게 단풍이 드는 시기는 1~3월. 추위를 이겨내기 위해 단단해진 잎에 단풍이 든다. 더 아름답게 물든 모습을 보고싶다면, 물을 지나치게 많이 주지 말고 햇빛을 충분히 받게 하는 것이 중요하다.

단풍 전

단풍 후

흙 고르기

세둠은 메마른 땅에서도 자생하는 식물이다. 어떤 흙에서도 키울 수 있지만, 고온다습에 약하므로 물이 잘 빠지는 다육식물 전용 흙을 구입하는 것이 좋다. 적옥토와 녹소토 등 시중에서 판매하는 흙도 괜찮다.

물주기

세둠의 잎에는 수분이 많이 함유되어 있다. 그래서 관리를 게을리하고 물을 주지 않으면, 점점 시들어서 볼륨이 없는 세둠이 되어버린다. 물주기의 포인트는「흙이 마르면 듬뿍」이다.

옮겨심기

세둠은 잘 자라서 순식간에 크게 자라버린다. 오래 방치할 경우 화분 안에 뿌리가 가득차거나 뿌리가 썩을 수 있으므로, 화분 전체에 뿌리가 꽉 차면 포기나누기(→ p.65)를 하거나 땅에 옮겨 심는다. 옮겨 심는 시기는 초봄이 좋다.

세둠을 증식시키자

마음에 드는 세둠을 찾았다면 세둠을 증식시켜보자.
세둠은 생명력이 강해서 간단하게 증식시킬 수 있다.

세둠을 증식시키는 시기는 봄이나 가을

다육식물은 여러 가지 방법으로 증식시킬 수 있는데, 세둠의 경우에는 기본적으로 꺾꽂이, 잎꽂이, 포기나누기 등 3가지 방법을 사용한다. 봄가을에 생장이 활발한 세둠은 여름 더위에 약하므로 추위에 강한 종류는 3~5월, 추위에 약한 종류는 4~6월에 증식시키는 것이 좋다.

추위에 강하다
(팔리둠 등)

추위에 약하다
(스프링 원더 등)

꺾꽂이

줄기가 단단하고 굵으며 튼튼한 것을 선택해서, 끝에서 3~5㎝ 되는 부분에서 자른다. 그런 다음 아래쪽 1~2㎝는 잎을 떼어내고 줄기만 있는 상태로 준비한다. 새 흙에 꽂으면 뿌리가 나와 새로운 세둠이 증식한다.

→

원포인트 어드바이스

세둠은 고온다습한 환경에 약하므로 여름에 증식시키는 것은 좋지 않다. 또 증식시킬 때 사용하는 흙은 적옥토 등 물이 잘 빠지는 것을 선택한다.

세둠은 꽃을 피운다. 그런 다음 지상부가 말라버리는 것이 대부분이지만, 뿌리는 살아있으므로 안심해도 된다. 마른 줄기는 잘라서 정리한다. 꽃이 피기 전에 잘라내면 마르는 것을 막을 수 있다.

꺾꽂이하는 흙은 양분이 적은 것을 선택한다. 또 세둠은 잎에서도 물을 흡수하므로 뿌리가 나오기 전이라도 물을 준다.

잎꽂이

세둠의 증식방법 중 가장 간단한 것이 잎꽂이이다. 모아심기나 꺾꽂이를 할 때 떼어내거나 떨어진 잎을 1장씩 흙 위에 올려두면 그곳에서 뿌리가 나온다. 세둠의 강한 생명력을 실감할 수 있는 증식방법이다.

→

포기나누기

세둠을 포기째 나눠서 증식시키는 것이 포기나누기이다. 세둠을 화분에 심으면 성장해서 뿌리가 화분 전체에 가득찬다. 뿌리에서 잡아떼 몇 개의 덩어리로 나누어 각각의 화분에 심으면, 또다시 새로운 세둠이 증식한다.

→

원포인트 어드바이스

찢어지거나 상처가 난 잎은 잎꽂이에 적합하지 않다. 깨끗하고 탄력이 있는 잎을 선택한다.

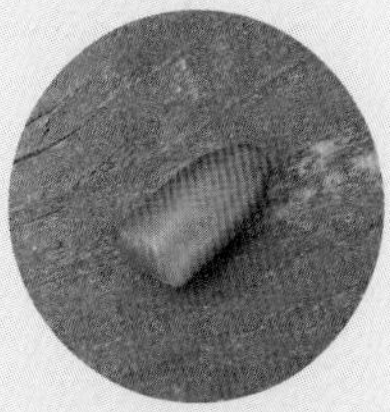

×

지나치게 길게 자란 뿌리나 마른 잎은 포기나누기할 때 제거한다. 또 녹소토 등에 화초용 배양토를 섞은 다음에 심으면 뿌리가 잘 나온다.

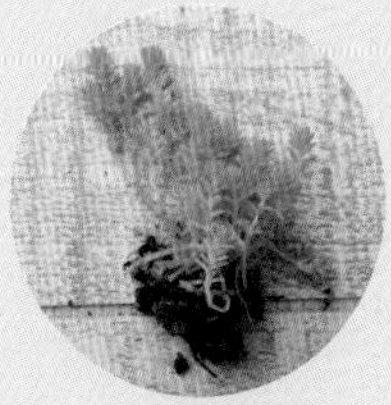

Part

4

세둠 도감

세둠이란, 돌나물과 세둠속의 다육식물이다.

한국이나 일본보다 서양에서 많이 알려져 있고, 품종개량도 다양하게 진행되어 있다.

여러 가지 종류가 있지만 해외에서 수입된 것이 많기 때문에

한국에서의 명칭이 없거나 여러 이름으로 불리는 등 매장에서 구매할 때 곤란한 경우도 많다.

이 도감에서는 인기 있는 세둠 품종을 특징 중심으로 소개한다.

마음에 드는 세둠을 찾아보자.

※ 세둠은 외래종이 많기 때문에 한국에서 불리는 이름이 없거나 여러 이름으로 불리는 경우도 많고, 정식 종명도 여러 다른 의견이 있기도 하다. 이 책에서는 일반적으로 많이 사용하는 이름(유통명)을 소개하였고, 아직 국내에 소개되지 않아 이름이 없는 경우에는 학명을 한글로 표기하였다. [품종(f.), 변종(var.), 아종(ssp.) 표기는 생략] 또한 이 책에 표시된 색이 변하는 단풍 색깔은 재배 방식이나 환경에 따라 달라지기도 한다.

이름 | 여름철 모습 | 설명 | 단풍 색깔에 따른 분류

작고 사랑스런 모아심기에 딱 맞는

레드 베리

Sedum rubrotinctum 'Red Berry'

재배 편이성	●●●
내서성	✹✹✹
내한성	❄❄
크기	Medium

젤리처럼 반짝거리고 사랑스러운 레드 베리는 「미니 홍옥」이라고도 한다. 단풍이 들면 홍옥(→ p.68)보다 진한 빨간색으로 변한다. 관리하기에 따라서는 갈색에 가까운 색이 되기도 한다. 심은 후 1년 이상 지나면 화사한 빨간색으로 물드는 경우가 많지만, 비료를 많이 주면 단풍이 곱게 들지 않는다. 잎이 작아서 모아심기에 사용하기 좋은 품종이다.

RED

겨울철 모습

재배 편이성	●	개수가 많을수록 키우기 쉽다.
내서성	✹	개수가 많을수록 더위에 강하나.
내한성	❄	개수가 많을수록 추위에 강하다.
크기	Large	모아심기용으로 자른 크기.

세둠 중 붉은색 No.1

홍옥

Sedum rubrotinctum

재배 편이성	●●●
내서성	✹✹✹✹
내한성	❄❄
크기	Medium

겨울이 되면 윤기 있는 붉은빛으로 단풍이 드는 품종. 붉은색이 세둠 중에서도 특히 아름다워서, 작고 사랑스런 모아심기에 빼놓을 수 없는 품종이다. 큰 잎을 포인트로 사용해도 좋지만, 작은 잎을 많이 심는 것이 전체적으로 선명해 보인다. 튼튼해서 키우기 쉬우며, 크게 자라면 노랗고 작은 꽃이 핀다.

작고 사랑스런 모아심기에 딱 맞는

레드 베리

Sedum rubrotinctum 'Red Berry'

재배 편이성	●●●
내서성	✹✹✹
내한성	❄❄
크기	Medium

젤리처럼 반짝거리고 사랑스러운 레드 베리는「미니 홍옥」이라고도 한다. 단풍이 들면 홍옥(→ p.68)보다 진한 빨간색으로 변한다. 관리하기에 따라서는 갈색에 가까운 색이 되기도 한다. 심은 후 1년 이상 지나면 화사한 빨간색으로 물드는 경우가 많지만, 비료를 많이 주면 단풍이 곱게 들지 않는다. 잎이 작아서 모아심기에 사용하기 좋은 품종이다.

꼬불꼬불 자라는

세둠 섹상굴라레 '모스 그린'

Sedum sexangulare 'Moss Green'

재배 편이성	●●●●
내서성	✹✹✹
내한성	❄❄❄
크기	Small

유럽을 중심으로 분포하는 품종. 여름철에는 밝은 초록색이지만, 단풍이 들면 선명한 붉은빛으로 변한다. 잎은 3~6㎜의 크기로 6장씩 번갈아 난다. 잎이 단단하기 때문에 틈새를 메우기에 안성맞춤이다. 「다람쥐꼬리 세둠」이라는 이름으로 유통되는 세둠 섹상굴라레의 원예품종이다.

바닷가 바위에서 자라는

땅채송화

Sedum japonicum ssp. oryzifolium

재배 편이성	●●●●
내서성	✹✹✹
내한성	❄❄❄❄
크기	Medium

바닷가에서 자라기 때문에 「갯채송화」라고도 한다. 줄기도 잎도 단단하므로 작고 사랑스런 모아심기를 할 때 꽂기 좋다. 단풍이 들면 잎끝부터 빨갛게 물든다. 노란색으로 물드는 무늬종(→ p.90)도 인기가 많다. 노란 꽃이 피는 것이 땅채송화이며, 하얀 꽃이 피는 종류는 유럽 원산의 알붐종으로 알려져 있다.

피복식물로도 사용하는

세둠 야포니쿰 모리무라

Sedum japonicum f. morimura

재배 편이성	●●●●
내서성	✹✹
내한성	❄❄❄
크기	Small

멕시코돌나물(Sedum mexicanum)과 가까운 품종이다. 번식력이 강하고 양지든 그늘이든 잘 자라는데, 지나친 습기에 약하므로 물이 잘 빠지는 흙에 심고, 흙이 완전히 말랐을 때만 물을 주는 것이 좋다. 5~6월에 걸쳐 노란 꽃이 핀다. 잎 끝부분이 큰 편이고, 단풍이 들면 오렌지~짙은 붉은색으로 변한다. 피복식물*로 사용되기도 한다.

* 피복 식물(그라운드 커버)_ 글자 그대로 땅 표면을 덮는 식물을 말한다. 잔디처럼 마당에 심는 것은 물론, 최근에는 벽이나 지붕, 옥상 등의 녹화에도 많이 사용한다.

검붉은 단풍이 드는

세둠 알붐 '블랙베리'

Sedum album 'Black Berry'

재배 편이성	●●●●
내서성	✸✸✸
내한성	❄❄❄
크기	Medium

이름 그대로 단풍이 들면 검은빛이 강한 붉은색을 띤다. 코랄 카펫(→ 아래)과 닮았다. 시크한 이미지의 모아심기에 사용하면, 전체적으로 단단한 느낌이 된다.

산호 카펫

세둠 알붐 '코랄 카펫'

Sedum album 'Coral carpet'

재배 편이성	●●●●
내서성	✸✸✸
내한성	❄❄❄
크기	Medium

코랄 카펫은 말 그대로 산호로 이루어진 카펫이란 뜻이다. 여름에는 초록색이지만 단풍이 들면 이름대로 산호처럼 붉게 변한다. 줄기가 튼튼하고 추위에도 강하기 때문에, 모아심기하면 관리하기도 편하다. 땅에 심으면 증식을 잘한다.

젤리빈처럼 단풍이 드는

세둠 알붐 '파로 포름'

Sedum album 'Faro Form'

재배 편이성	●●
내서성	✹✹
내한성	❄❄❄
크기	Small

작은 알갱이 모양의 젤리빈을 닮은 잎이 특징으로, 단풍이 들면 사진처럼 새빨갛게 변한다. 잎 하나하나가 매우 작기 때문에, 마무리로 틈을 메울 때 매우 효과적이다. 땅에 심어야 단풍이 곱게 잘 든다.

존재감이 큰

세둠 알붐 '힐레브랜티'

Sedum album 'Hillebrandtii'

재배 편이성	●●●●
내서성	✹✹✹
내한성	❄❄❄
크기	Medium

코랄 카펫(→p.72)과 같은 종류인데, 이에 비해 전체적으로 큰 변이어서 존재감이 크다. 단풍이 들면 전체적으로 차분한 빨간색이 된다.

빨간 줄기가 인상적인

세둠 스테프코

Sedum stefco

재배 편이성	●●
내서성	✹✹
내한성	❄❄❄
크기	Small

불가리아 등 동유럽 원산의 품종. 잎이 동글동글 작고, 줄기가 붉은 것이 특징이다. 추워지면 잎까지 새빨갛게 물든다. 틈새를 메울 때 사용하면 전체적으로 알록달록한 느낌이 된다. 더위에 약한 편이므로 여름에는 반그늘에서 관리하고, 지나치게 건조해지지 않도록 주의한다.

용의 피처럼 붉어지는

페디무스 스푸리우스 '드래곤즈 블러드'

Phedimus spurius 'Dragons Blood'

재배 편이성	●●●●
내서성	✸✸✸
내한성	❄❄❄
크기	Medium

모양이나 성질은 오색기린초(→ p.78)와 같으며, 2가지 모두 분홍 세둠(Sedum spurium)을 원예용으로 품종 개량한 것이다. 햇빛을 충분히 쬐면 「드래곤의 피」라는 이름에 걸맞게 진하고 차분한 와인레드색으로 물든다. 겨울에는 잎이 떨어져 줄기만 남지만, 봄이 되면 마디마디에서 싹이 튼다.

작고 사랑스런 모아심기에도 어울리는

리틀 장미

Echeveria prolifica

재배 편이성	●●●
내서성	✹✹✹
내한성	❄❄❄
크기	Medium

존재감 있는 에케베리아*이지만 부드러운 핑크색 이라서, 작고 사랑스런 모아심기에 사용하면 전체적으로 부드러운 분위기가 된다. 작은 겨드랑눈이 많이 나오는데 모체는 커서 존재감이 있으므로, 겨드랑눈 크기 정도가 작고 사랑스런 모아심기에 알맞다. 「리틀 장미금」, 「프롤리피카」라고도 부른다.

* 에케베리아_ 아름다운 로제트를 형성하며, 비교적 키우기 쉬운 멕시코 원산의 다육식물. 크기는 다양한 편이지만 세둠보다 큰 것이 대부분이다.

장미꽃을 닮은

스프링 원더

Sedum versadense f. chontalense

재배 편이성	●●
내서성	✹✹
내한성	❄
크기	Medium

멕시코에 자생하는 원종. 잎이 두껍고 단풍이 들면 라임 그린~핑크의 컬러 그러데이션이 아름답다. 더위에 약해서 여름에는 축 늘어지지만, 단풍철의 로제트*가 아름다워서 인기가 많다. 모아심기에는 단풍이 든 다음에 사용하는 것이 좋다. 잎꽂이(→ p.65)로 쉽게 증식하지만 영하의 기온에 노출되면 얼기 때문에 주의해야 한다.

* 로제트_ 잎이 사방으로 퍼져서 꽃 모양이 되는 것을 말한다. 다육식물 중에서는 에케베리아, 셈페르비붐, 알로에, 아가베, 하워르티아(하월시아) 등이 대표적인 로제트형이다.

선명한 핑크색이 특징인

오색기린초

Phedimus spurius 'Tricolor'

재배 편이성	●●●
내서성	✹✹✹
내한성	❄❄❄
크기	Medium

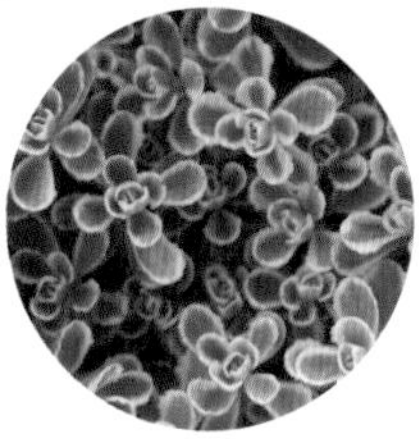

여름에는 잎이 자라서 커지지만, 단풍철이 되면 가운데가 오므라들어서 장미꽃처럼 변한다. 단풍이 들면 초록색, 흰색, 핑크색의 3가지 색을 띤다. 바깥쪽이 선명한 핑크색으로 물들기 때문에, 모아심기에 악센트로 사용하기 좋다. 햇빛을 충분히 쬐면 붉은빛이 짙어진다.

홍옥의 자매, 핑크빛으로 물드는

홍옥 '오로라'

Sedum rubrotinctum 'Aurora'

재배 편이성	●●●
내서성	✹✹
내한성	❄❄
크기	Large

홍옥(→ p.68)의 무늬종.* 붉게 단풍이 드는 홍옥과 달리 핑크색으로 물든다. 특히 물을 주지 않고 건조하게 두면 형광색처럼 선명한 핑크색이 된다. 잎에 엷게 줄이 있어 단풍이 들지 않는 시기에도 홍옥보다 색이 열어 보인다. 홍옥과 마찬가지로 초보자도 키우기 쉽지만, 무늬종이어서 조금 약하다.

* 무늬종_ 원래 단색인 식물이 외적, 유전적 요인 등에 의해 여러 가지 색을 띠는 것. 다육식물의 경우 잎에 무늬나 다른 색깔의 줄 등이 있는 것을 말한다.

인기 품종의 교배로 태어난 우량품종

세둠 '원더 원더'

Sedum 'Wonder Wonder'

재배 편이성	●●
내서성	✹✹
내한성	❄❄
크기	Medium

스프링 원더(→ p.77)와 천사의 눈물(→ p.99)의 교배종. 잎은 스프링 원더처럼 폭이 넓지만, 천사의 눈물처럼 탱글탱글한 느낌은 남아 있다. 단풍이 들면 분위기 있는 빈티지 핑크가 된다. 새로운 품종이기 때문에 자세한 특징은 아직 알려지지 않았지만, 스프링 원더와 마찬가지로 여름의 더위와 지나친 습기에 약해서 주의가 필요하다.

소녀의 볼처럼 붉게 물드는

을녀심

Sedum pachyphyllum

재배 편이성	●●
내서성	✹✹✹
내한성	❄❄
크기	Large

소녀의 붉은 볼처럼 잎 끝부분만 핑크색으로 물드는 모습이 매력적인 품종. 자란 기간이나 비료의 양 등에 따라 빛깔과 잎 모양이 상당히 달라진다. 작고 사랑스런 모아 심기에는 동그랗고 잎 사이가 좁은, 작은 을녀심이 적합하다. 홍옥(→ p.68)과 오로라(→ p.79)를 닮았지만 잎꽂이는 불가능하다.

팔리둠을 똑 닮은!?

별솔 세둠

Sedum hispanicum

재배 편이성	●●●
내서성	✹✹✹
내한성	❄❄❄
크기	Small

「박설만년초(薄雪万年草)」, 「기소송(磯小松)」, 「히스파니쿰」이라 불리기도 한다. 팔리둠(→ p.84)과 매우 흡사해서 자주 오인되는 품종이다. 겨울이 되면 예쁜 핑크색으로 단풍이 든다. 바람이 잘 통하는 장소를 좋아하고, 습기가 많은 곳에서 키우면 뿌리가 썩기 때문에 주의해야 한다. 추위에 강해서 초보자라도 키우기 쉬우며, 색깔과 크기가 모두 작고 사랑스런 모아심기에 매우 적합하다.

은하수처럼 하얀 꽃이 특징인

세둠 디푸숨 '밀키 웨이'

Sedum diffusum 'Milky Way'

재배 편이성	●●●
내서성	✹✹
내한성	❄❄❄
크기	Medium

단풍이 들면 전체가 사랑스러운 분홍빛으로 물든다. 땅을 기듯이 작은 잎이 자라고, 은하수(Milky Way)를 수놓는 하얀 별을 닮은 꽃이 핀다고 해서, 「밀키 웨이」라는 애칭으로 사랑받는 세둠이다.

분홍색으로 물드는 희귀 품종

세둠 '핑크 베리'

Sedum 'Pink Berry'

재배 편이성	✿✿
내서성	✸✸
내한성	❄❄
크기	Large

단풍이 들면 이름 그대로 잎끝이 분홍색으로 물든다. 잎은 두껍고 단단하다. 희귀 품종으로, 시중에서는 구하기 힘든 종류이다.

밀키 웨이보다 조금 더 큰

세둠 디푸숨 '포토시눔'

Sedum diffusum 'potosinum'

재배 편이성	✿✿✿
내서성	✸✸
내한성	❄❄❄
크기	Medium

메시코 원산의 세둠. 초여름에 흰색 꽃을 피우는 등 밀키 웨이(→ p.82)와 닮았지만 잎이 더 크다. 여름철에는 회색을 띤 초록색이고, 분홍색으로 단풍이 든다. 밀키 웨이로 혼동되거나 「포토시움」이라 불리기도 한다.

사랑스러운 분홍색으로 물드는

세둠 팔리둠, 무늬종

Sedum pallidum

재배 편이성	●●●
내서성	✸✸✸
내한성	❄❄❄
크기	Small

단풍이 들면 선명한 핑크색이 된다. 잎이 가늘고 긴 모양이지만 겨울에는 끝이 동그랗게 변하므로, 겨울철 작고 사랑스런 모아심기에 사용하기 좋다. 세둠 종류는 대부분 노란 꽃이 피는데, 드물게 하얀 꽃이 핀다. 튼튼해서 키우기 쉬우며, 땅바닥을 기듯이 자라기 때문에 피복식물로도 적합하다. 햇빛을 매우 좋아하므로 해가 잘 드는 곳에 두고, 물은 흙이 마르면 듬뿍 준다. 잎을 잘라서 흙에 꽂아 두기만 해도 간단하게 증식시킬 수 있다.

핑크빛으로 물드는 아름다운 로제트

세둠 페레즈델라로사이

Sedum perezdelarosae

재배 편이성	●●
내서성	✹✹
내한성	❄❄
크기	Large

에케베리아처럼 아름다운 로제트가 특징인 품종. 단풍이 들면 잎끝이 핑크색으로 물들어 더욱 아름답다. 기는줄기로 증식하고 잎꽂이도 가능하다. 유통량이 적어서 구하기 힘든 품종으로, 작고 사랑스런 모아심기에 사용하면 고급스러운 느낌을 더한다.

연분홍색으로 아름답게 물드는

멘도사

Graptopetalum mendozae

재배 편이성	●●
내서성	✹✹
내한성	❄❄
크기	Medium

세둠이 아닌 그랍토페탈룸*의 일종. 잎꽂이가 잘 되고, 단풍이 들면 아름다운 연분홍색으로 변한다. 잎은 두껍고 단단해 보이지만, 작은 힘으로도 우수수 떨어져 버린다. 서리를 맞지 않도록 주의해야 한다.「희추려」,「베라히긴즈」등의 이름으로도 유통되며, 다양한 크기로 판매된다.

* 그랍토페탈룸_ 돌나물과 그랍토페탈룸속의 다육식물. 세둠처럼 로제트를 형성하고, 모아심기에 많이 사용한다.

잎 가장자리에 핑크색 수를 놓은

크라술라 펠루키다 마르기날리스

Crassula pellucida ssp. marginalis

재배 편이성	●●
내서성	✹✹
내한성	❄❄
크기	Medium

귀엽고 작은 겉모습 때문에 세둠으로 오해받는 경우가 많지만 크라술라*의 일종이다. 단풍이 들면 작은 잎 하나하나에 핑크색 실로 수를 놓은 듯한 모습으로 변해서 인기가 많다. 기둥이 자라고 늘어지는 타입이므로, 모아심기의 포인트로 사용하면 좋다. 피복식물로도 사용할 수 있다. 서리를 맞지 않도록 주의한다.

* 크라술라_ 돌나물과 크라술라속의 다육식물. 약 3㎝의 작은 것부터 수 미터까지 자라는 큰 것까지 종류가 다양하다.

노란 꽃처럼 보이는

세둠 야포니쿰 모라무라 '골든 카펫'

Sedum japonicum f. morimura 'Golden carpet'

재배 편이성	●●●
내서성	✹✹✹
내한성	❄❄❄
크기	Small

잎 끝부분이 노란 작은 꽃처럼 보이며, 전체적으로 넓게 심으면 이름처럼 황금 카펫을 보는 것 같다. 선명한 노란색이라 모아심기에 사용하면 분위기가 밝아진다.

별처럼 작고 노란 잎이 특징인

세둠 야포니쿰 모라무라 '드림 스타'

Sedum japonicum f. morimura 'Dream Star'

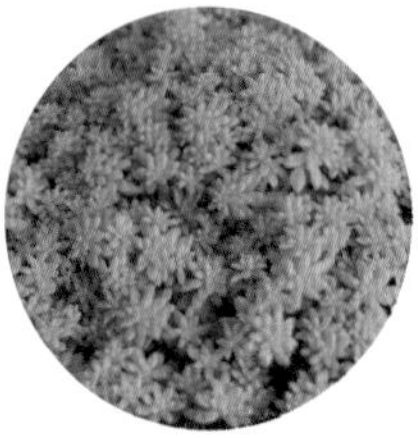

재배 편이성	●●●
내서성	✹✹✹
내한성	❄❄❄
크기	Small

건물 옥상에 식물을 심어 푸르게 만드는 옥상녹화에 자주 사용되는 세둠 야포니쿰 모리무라(→ p.71)의 노란색 품종. 노랗고 작은 잎이 무성해져서 작고 사랑스런 모아심기에 안성맞춤이다. 골든 카펫(→ 위)과 닮았지만 색이 더 짙고 햇빛에도 강하다.

그러데이션이 아름다운

세둠 알붐 '벨라 딘베르노'

Sedum album 'Bella d'Inverno'

재배 편이성	●●●
내서성	✹✹✹
내한성	❄❄❄
크기	Medium

코랄 카펫(→ p.72) 등과 같은 알붐 종류로 단풍이 들면 가운데가 노란색~오렌지색~붉은색으로 그러데이션을 이루는 품종. 추위에 매우 강하다. 「벨라 딘베르노」는 「아름다운 겨울」이라는 뜻으로, 겨울이 되면 아름다운 단풍이 드는 데서 붙여진 이름이다.

틈새를 메우기 좋은

세둠 아크레 '엘레강스'

Sedum acre 'Elegans'

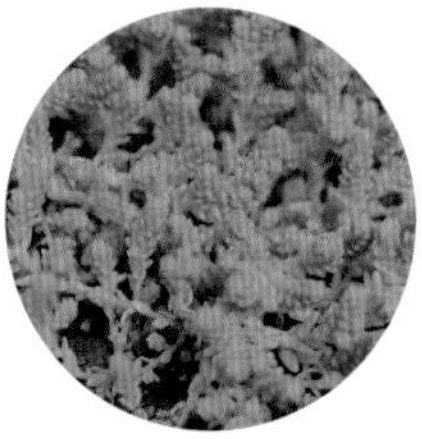

재배 편이성	●●●
내서성	✹✹✹
내한성	❄❄❄
크기	Small

가늘고 긴 모양으로 잎끝이 밝은 노란색으로 변한다. 연한 녹색 잎이 모여 있는 모습은 그야말로 엘레강스하다. 줄기가 매우 가늘지만 단단해서 모아심기할 때 마무리로 틈새를 메우는 데 사용하기 좋다.

녹색의 그러데이션이 아름다운

땅채송화 무늬종

Sedum oryzifolium f. variegata

재배 편이성	●●●
내서성	✸✸✸
내한성	❄❄❄
크기	Medium

땅채송화(→ p.70)의 무늬종으로 단풍이 들기 전에도 초록색과 연두색의 그러데이션이 아름다워서, 작고 사랑스런 모아심기에 좋은 악센트가 된다. 단풍이 들면 노랗게 물들어 더 선명한 그러데이션을 즐길 수 있다. 단풍이 짙어지면 주황색~핑크색의 그러데이션을 보여주기도 한다.

모아심기에 빠뜨릴 수 없는 색깔

무스코이데움

Sedum dasyphyllum 'Major'

재배 편이성	●●●
내서성	✹✹
내한성	❄❄❄
크기	Medium

아프리카 북부 등에 자생하는 희성미인(→p.93)의 한 종류. 「세둠 메이저」, 「무스코이」 등의 이름으로 유통되기도 한다. 여름에는 초록색이지만 겨울에는 희미하게 푸르스름한 빛을 띤 분홍색으로 변한다. 튼튼해서 키우기 쉽지만 햇빛이 부족하면 웃자라므로(→ p.50) 주의한다. 5~6월에 걸쳐 포기 전체에 꽃이 피는데, 그 뒤에는 말라버린 줄기를 잘라서 정리한다.

사실은 세듐이 아닌

블루빈

Graptopetalum pachyphyllum
'Blue Bean'

재배 편이성	●●
내서성	✹✹
내한성	❄❄
크기	Medium

세둠처럼 보이지만 그랍토페탈룸속의 한 종류이다. 잎 하나하나가 이름처럼 푸른 콩 모양을 하고 있다. 추워지면 보랏빛이 도는 파란색으로 변하는데, 잎끝이 탄 것처럼 붉은 것이 특징이다. 작고 사랑스런 모아심기에 사용하면 풍성한 분위기가 된다. 세둠으로 유통되기도 하며, 세둠과 마찬가지로 고온다습한 환경에 약하기 때문에 여름철에는 주의해서 관리한다.

세둠 중에서는 보기 드문 블루 계열

희성미인

Sedum dasyphyllum

재배 편이성	●●●
내서성	✹✹
내한성	❄❄❄
크기	Small

초여름에 연한 분홍색 꽃을 피우고, 단풍이 들면 푸르게 물든다. 크기가 작아서 틈새를 메우는 데 사용하기 좋다. 단단하게 뭉쳐 있는 로제트는 모아심기 전체를 귀여운 느낌으로 변모시켜준다. 고온다습한 환경에 약한 편이므로 주의한다.

큰 로제트가 특징인

국화 세둠

Sedum glaucophyllum

재배 편이성	●●●
내서성	✹✹✹
내한성	❄❄❄
크기	Medium

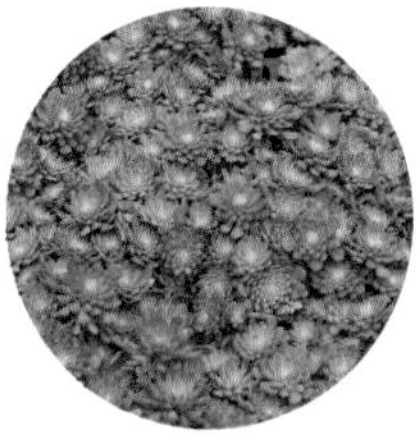

여름철에는 회색을 띤 초록색이지만, 단풍이 들면 빨강과 보라가 섞인 그러데이션이 아름다운 품종이다. 잎끝이 민들레처럼 로제트 모양이 된다. 잎 하나하나가 큰 편이라 사용할 때는 균형을 잘 맞춰야 한다.

시크한 보라색이 아름다운

세둠 히스파니쿰 '푸르푸레아'

Sedum hispanicum 'Purpurea'

재배 편이성	●●●
내서성	✹✹✹
내한성	❄❄❄
크기	Medium

단풍이 들면 어두운 보라색이 된다. 잎이 가늘고, 세둠 팔리둠(→ p.84)이나 별솔 세둠(→ p.82)에 비해 긴 편이다. 꽃은 잘 피지 않는다. 키울 때는 살짝 건조하게 관리하는 것이 좋다.

색깔과 두께로 인기 많은

세둠 다시필룸 그란둘리페룸 '퍼플 헤이즈'

Sedum dasyphyllum var. granduliferum 'Purple Haze'

재배 편이성	●●
내서성	✹✹
내한성	❄❄
크기	Medium

유럽 남서부 및 아프리카 북부 원산. 희성미인(→ p.93)의 한 종류로, 잎이 포동포동하고 도톰하다. 잎이 떨어지기 쉬우므로 주의해서 다룬다. 단풍철에는 이름처럼 핑크빛이 도는 보라색으로 물들기 때문에 산뜻한 색상으로 인기가 많은 품종이다. 고온다습한 환경에 약하므로 여름에는 밑동이 물러지지 않게 주의한다.

빽빽한 솜털을 지닌

윙클레리

Sedum hirsutum var. baeticum

재배 편이성	●●
내서성	✹✹
내한성	❄❄❄
크기	Medium

기는줄기*가 자라는 품종. 표면에 투명한 솜털이 있으며 끈적끈적하다. 이름은 예전 학명인 「Sedum hirsutum var. winkleri」에서 유래되었다. 일본에서는 현재 학명에서 이름을 따 「바에치쿰」이라고 부르기도 한다. 로제트가 4cm 정도까지 크게 자라므로, 작고 사랑스런 모아심기에는 많이 사용하기보다 포인트로 사용한다.

* 기는줄기_ 어미 포기에서 뻗어 나온 줄기. 그 끝에 새끼 포기가 자라 뿌리를 내리고 증식하기도 한다. 딸기 등이 대표적.

덩굴성 다육식물

돌나물

Sedum sarmentosum

재배 편이성	●●●
내서성	✹✹✹
내한성	❄❄❄
크기	Medium

「돈나물」, 「석상채(石上菜)」라고도 하며 한국, 중국, 일본 등지에 분포한다. 5~6월에 걸쳐 노란 꽃을 피우고, 겨울에도 색깔이 거의 변하지 않는다. 줄기가 덩굴 형태로 뻗어나가기 때문에, 점점 화분 밖으로 빠져나와 늘어지는 모습도 볼 수 있다. 한국에서는 봄부터 여름에 걸쳐 어린 잎과 줄기를 나물로 무쳐 먹기도 한다.

일본산 세둠

밀크우지

Sedum japonicum f. variegata

재배 편이성	●●●
내서성	✹✹
내한성	❄❄
크기	Samll

이름은 「밀크+우지(宇治, 일본의 유명 녹차재배지)」에서 유래되었다. 이름 그대로 우유를 넣은 녹차처럼 부드러운 색깔로, 하나의 화분에서 여러 가지 색을 즐길 수 있다. 일본에서 개발된 품종으로, 「메노만넨구사(Sedum japonicum subsp. japonicum var. japonicum)」의 무늬종.

동글동글 황록색 잎을 가진

청옥

Sedum burrito

재배 편이성	●●
내서성	✹✹✹
내한성	❄
크기	Medium

통통하고 두툼한 잎이 특징. 위로 자라면서 옆으로 기울어, 길게 늘어지면서 성장한다. 늘어진 모습이 맥주의 원료인 홉과 비슷해서 「비어홉」이라고도 한다. 추위에 약하고, 청포도처럼 밝은 라임그린색을 띤다. 잎이 가늘고 긴 모양의 옥주염(구슬얽이, Sedum morganianum)으로 오인되기도 한다. 겨울에는 서리를 맞지 않도록 주의한다.

프랑스에서 온

세둠 알붐 프랑스

Sedum album f/France

재배 편이성	●●●
내서성	✹✹✹
내한성	❄❄❄
크기	Medium

다른 알붐 종류에 비해 잎이 두껍고 하나하나가 크다. 추위에 매우 강하지만, 거의 단풍이 들지 않고 단풍이 들어도 잎끝이 발그레해지는 정도이다. 이름에서 알 수 있듯이 프랑스에 자생하는 품종이다.

천사가 흘린 눈물방울

천사의 눈물

Sedum treleasei

재배 편이성	●●
내서성	✹✹
내한성	❄❄
크기	Medium

표면에 하얀 가루가 있는 탱글탱글하고 도톰한 잎이 귀엽다. 「부사」, 「천사의 물방울」, 「세둠 트렐레아세이」 등의 이름으로 유통되기도 한다. 서리에 약하고 더위와 습기에도 약해서, 세둠 중에서는 키우기 어려운 종류이다.

나무 줄기처럼 두껍게 자라는

세둠 브레비폴리움

Sedum brevifolium

재배 편이성	●●●
내서성	✸✸
내한성	❄❄❄
크기	Medium

하얀 가루를 뿌려놓은 것처럼 보이는 잎이 특징이다. 오래된 포기는 나무 줄기처럼 두껍게 자란다. 초여름에 하얀 꽃이 피고, 겨울이 되면 연한 푸른빛을 띤 분홍색으로 변한다. 토실토실 작고 둥근 잎이 사랑스런 모아심기를 귀엽게 만들어준다.

마치 싸락눈을 맞은 듯한

세둠 오악사카눔

Sedum oaxacanum

재배 편이성	●●
내서성	✸✸
내한성	❄❄
크기	Medium

멕시코 남부 원산으로 옆으로 기듯이 자란다. 광택이 없고, 잎은 7㎜ 정도로 성장한다. 여름에는 다른 세둠 종류처럼 초록색이고 노란 꽃을 피운다. 겨울에는 잎끝이 붉게 물들고, 싸락눈을 맞은 것처럼 하얗게 변한다.

Q & A

워크숍이나 인스타그램에서 자주 하는 질문을 모아서 정리하였다.

Q. 2~3종류로도 모아심기가 가능한가요?

A. 여러 종류의 세둠을 준비하려면 돈도 시간도 많이 듭니다. 작고 사랑스런 모아심기는 2~3종류로도 당연히 만들 수 있습니다. 같은 색 계열의 세둠을 골라도 괜찮고, 반대색을 모아서 심어도 귀엽습니다. 화분에 맞춰서 골라 보세요.

멘도사, 무스코이데움, 세둠 다시필룸 퍼플 헤이즈의 3종류로 만든 작고 사랑스런 모아심기. 세둠 아크레 엘레강스를 살짝 곁들였다.

Q. 모아심기한 세둠이 길게 자라버렸어요.

A. 계절에 따라 다르지만 햇빛을 충분히 받으면 몇 달 정도는 눈에 띄게 성장하지 않습니다. 많이 자랐다면 웃자랄 가능성이 있으므로, 햇빛이 잘 드는 장소로 옮겨주세요. 길게 자라서 마음에 들지 않는 세둠은 잘라내고, 잘라낸 윗부분을 다른 모아심기에 사용하거나 화분에 다시 심을 수 있습니다.

모아심기한 뒤 6개월 정도 지난 모습. 이 정도는 웃자란 것이 아니지만, 마음에 들지 않는다면 잘라낸다.

Q. 넬솔 관리가 어려워요.

물은 기본적으로 3일에 1번 정도 준다. 계절이나 환경에 따라 달라지므로, 매일매일 관찰하는 것이 가장 중요하다.

A. 무엇보다 물을 자주 주는 것이 가장 중요합니다. 넬솔의 표면이 마르면 물을 주는데, 넬솔의 수분이 완전히 말라버리면 오히려 물을 잘 흡수하지 못합니다. 벽에 걸거나 기대서 세워두지 않을 경우에는, 넬솔에 녹소토 등을 섞거나 표면에만 넬솔을 사용하면 관리하기 쉬워집니다.

Q. 잎이 잘 떨어지는 세둠을 꽂는 비결은?

떨어진 잎도 흙 위에 올려놓으면 뿌리가 나온다. 이렇게 강인한 생명력도 세둠의 매력 중 하나이다.

A. 핀셋보다 맨손으로 꽂아야 잎이 잘 떨어지지 않는 경우도 있습니다. 잎사귀를 조심스럽게 들어서 꽂아줍니다. 줄기가 튼튼하면 꽂기 쉬우므로, 다른 부분을 만지지 않아도 됩니다. 세둠 다시필룸 퍼플 헤이즈의 경우에는 오래된 포기나 땅에 심은 것 등 뿌리가 잘 자라면 잎이 잘 떨어지지 않습니다.

Epilogue

이런 글을 쓰게 되리라고는, 예전의 저라면 전혀 상상할 수도 없습니다.
다육식물을 처음 만난 것은 6년 전. 내 집 마련을 계기로 정원을 꾸미는 데 참고하기 위해 인스타그램을 시작했고, 그렇게 만난 것이 다육식물이었습니다. 마음이 끌렸던 가장 큰 이유는 꽃이 아닌데도 이렇게 색깔이 예쁜 식물이 있구나! 하는 감동. 그러면서 인스타그램 안에서 다육 친구가 늘어가고, 다육의 매력에 푹 빠졌습니다.

작고 사랑스런 모아심기를 알게 된 것도 인스타그램에서였습니다. 그 사랑스러운 매력에 한눈에 포로가 되었습니다. 나도 만들어보고 싶다는 생각으로, 처음 작고 사랑스런 모아심기에 사용한 것은 햄버거 가게에서 해피밀을 사고 받은 양인형「숀」이었습니다. 그것이 2015년 6월의 일로「#숀 모아심기(ショーン寄せ)」라는 태그를 만들었는데, 많은 분들이 호응해주셔서 매우 기뻤던 기억이 있습니다.
그 뒤로 많은 분들이 가르쳐 달라고 하셔서, 처음에는 그냥 취미였지만 결국 다니던 직장을 그만두고 다육에 올인하기로 결심했습니다.

지금 인스타그램을 다시 스크롤하면서 되돌아보면, 제가 이렇게 워크숍 강사로 일할 수 있고, 작고 사랑스런 모아심기나 세둠의 매력을 널리 전할 수 있는 것은 많은 분들의 덕분이라고 새삼 느낍니다. 그리고 다육을 통해 이루어진 많은 만남과 인연에 정말 고마운 마음이 가득합니다.
마지막으로, 이 책을 출간하는 데 많은 도움과 격려를 주신 모든 분들께 진심으로 고마운 마음을 전합니다.

이 책을 읽어준 당신과 어디에선가 만날 수 있기를 기대합니다.

MAi

Special thanks
@shigeru_maruyama / @mssucculent / @orz_nitoro / @ochoboo / @blanca.029 / @mimomi1520 / @katosuubutsu
@leaf_garden_you / @kazu_kazu_1228 / @yumi.kame / @3miles_tara / @rosa_kazu / @beans.club / @miyu165
@buchi0511 / @pukupuku_diary / @kurumilepetitjardin / @happy.tanikuday / @vert.365mailifedesign / @botan.29
@loverotto / @naho1230 / @jewelgarden_aco / @taniku.ra / @ozco70 / @kaorun0923 / @mini.vani / @obutarou

일본어판 스태프
취재협력_ 이치카와 팜, 니지하나 / 촬영협력_ 마쓰모토 플라워 센터, @kinako_029, 요시자카 포장주식회사
일러스트_ 요시 이치히로(p.46, 47, 48) / 디자인_ 미야타 유미요, 가키모토 모에 [STRIDE]

MAi 지음

다육식물과의 만남을 계기로 직장을 그만두고 모아심기에 전념. 현재는 Instagram을 중심으로 세둠을 주로 사용한 「#작고 사랑스런 모아심기(ちまちま寄せ)」 작품을 소개해 인기를 모으고 있다. 저자가 게재하는 사랑스런 모아심기 작품에 5000건 이상의 「좋아요」가 달릴 만큼 많은 관심을 받고 있다. 전국에서 진행되는 인기 워크숍의 강사이기도 하다.

* 인스타그램: @000mai000

김현정 옮김

동아대학교 원예학과를 졸업하고 일본 니가타 국립대학 원예학 석사·박사 취득. 건국대학교 원예학과 박사 후 연구원, 학부 및 대학원 강사를 거쳐 부산 경상대 플로리스트학과 겸임교수, 인천문예전문학교 식공간연출학부 플라워디자인과 교수 역임. 현재 (사)푸르네정원문화센터 센터장.

※ 세둠의 생육이나 품종에 대해서는 여러 가지 의견이 있으며, 이 책은 다육식물 생산농가에서 취재한 내용을 바탕으로 제작되었습니다.

다육식물 모아심기 기본 – 응용 – 관리

작고 사랑스런 세둠 모아심기

펴낸이 | 유재영
펴낸곳 | 그린홈
지은이 | MAi
옮긴이 | 김현정

기 획 | 이화진
편 집 | 박선희
디자인 | 임수미

1판 1쇄 | 2021년 6월 10일
출판등록 | 1987년 11월 27일 제10-149
주 소 | 04083 서울 마포구 토정로 53(합정동)
전 화 | 324-6130, 324-6131 · 팩스 | 324-6135
E-메일 | dhsbook@hanmail.net
홈페이지 | www.donghaksa.co.kr, www.green-home.co.kr
페이스북 | www.facebook.com/greenhomecook
인스타그램 | www.instagram.com/__greencook

ISBN 978-89-7190-781-8 13520